Discovery Education 探索·科学百科（中阶）

2级D4 极端天气

全国优秀出版社
全国百佳图书出版单位

广东教育出版社

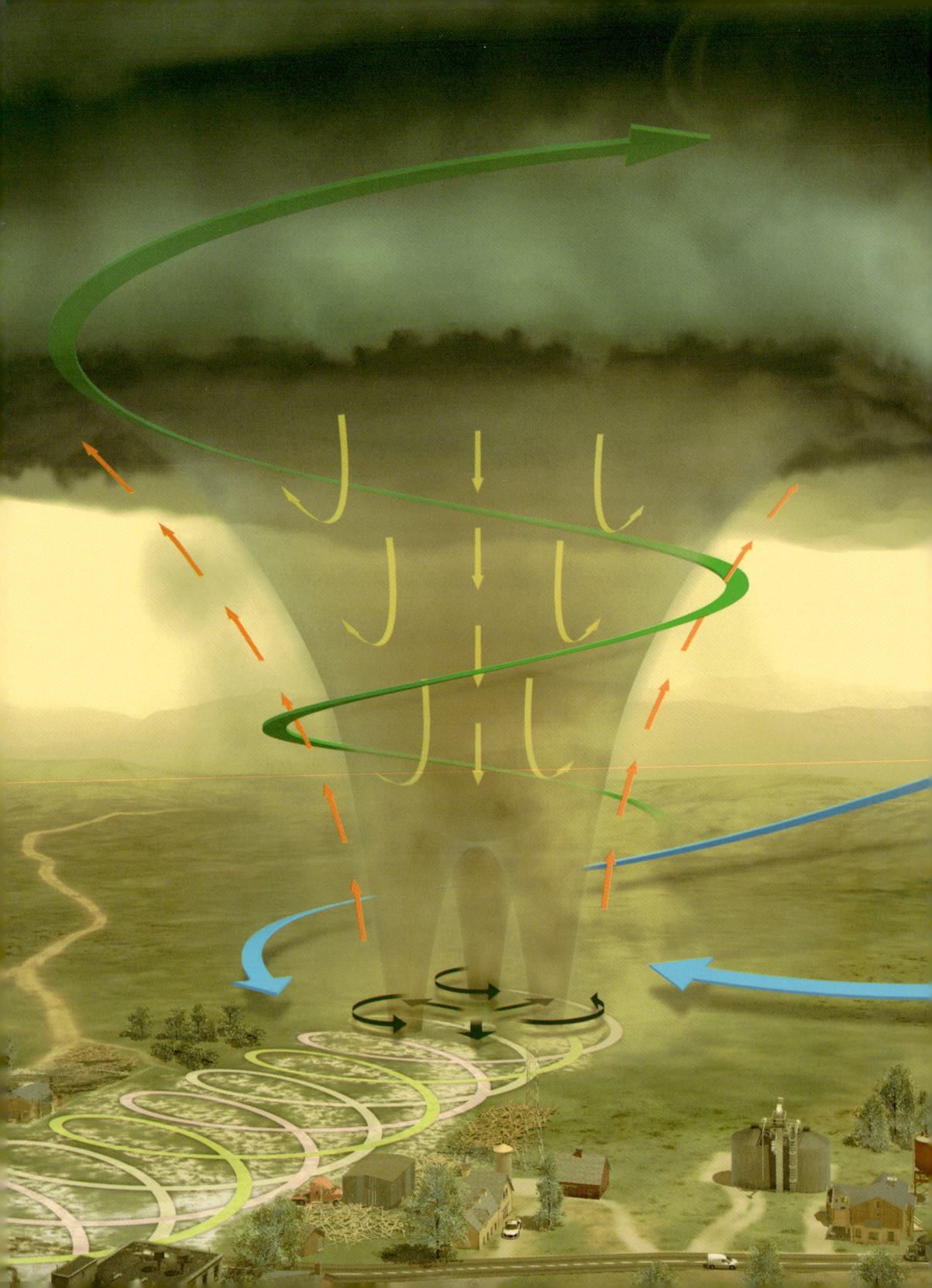

中国少年儿童科学普及阅读文库

探索·科学百科 中阶

极端天气

2级D4

[澳]爱德华·克洛斯⊙著

刘芸芸(学乐·译言)⊙译

Discovery
EDUCATION

全国优秀出版社
全国百佳图书出版单位　广东教育出版社

广东省版权局著作权合同登记号
图字：19-2011-097号

本书原由 Weldon Owen Pty Ltd 以书名*DISCOVERY EDUCATION SERIES · Angry Weather*

（ISBN 978-1-74252-181-7）出版，经由北京学乐图书有限公司取得中文简体字版权，授权广东教育出版社仅在中国内地出版发行。

图书在版编目（CIP）数据

Discovery Education探索·科学百科. 中阶. 2级. D4，极端天气/ [澳]爱德华·克洛斯著；刘芸芸（学乐·译言）译. — 广州：广东教育出版社，2014.1

（中国少年儿童科学普及阅读文库）

ISBN 978-7-5406-9301-5

Ⅰ.①D… Ⅱ.①爱… ②刘… Ⅲ.①科学知识—科普读物 ②天气—少儿读物 Ⅳ.①Z228.1 ②P44-49

中国版本图书馆 CIP 数据核字(2012)第153528号

Discovery Education探索·科学百科（中阶）
2级D4 极端天气

著 [澳]爱德华·克洛斯　译 刘芸芸（学乐·译言）

责任编辑 张宏宇 李 玲 丘雪莹　助理编辑 李颖秋 于银丽　装帧设计 李开福 袁 尹

出版 广东教育出版社
　　地址 广州市环市东路472号12-15楼　邮编：510075　网址：http://www.gjs.cn
经销 广东新华发行集团股份有限公司　　　印刷 北京顺诚彩色印刷有限公司
开本 170毫米×220毫米　16开　　　　　印张 2　　　　字数 25.5千字
版次 2016年5月第1版　第2次印刷　　　装别 平装

ISBN 978-7-5406-9301-5　　定价 8.00元

内容及质量服务 广东教育出版社 北京综合出版中心
　　　　电话 010-68910906 68910806　网址 http://www.scholarjoy.com
质量监督电话 010-68910906 020-87613102　购书咨询电话 020-87621848 010-68910906

目录 | Contents

自然的威力

我们的生活和出行，甚至穿着，都受到天气的影响。自然的力量总在时刻影响天气状况。极端天气可以带来强烈的雨雪和风暴，并伴随着洪水和闪电；或者造成长期的干旱和热浪，一次可持续数月甚至几年。

飓风和洪水

飓风可以引发严重的洪灾。风暴潮将海水推上海岸，淹没沿岸的村庄。在内陆地区，强降水也能带来洪灾。2005年8月，飓风"卡特里娜"（Katrina）横扫美国路易斯安那州的新奥尔良市，造成大面积的洪灾。

海洋风暴

剧烈的海洋风暴经常引起狂风大作，从而形成巨浪。这些巨浪的巨大能量足以毁坏船只，甚至能够将沿岸的村庄全部摧毁。

飓风"卡特里娜"最终导致超过 1800 人死亡。这是美国历史上经济损失最为严重的一次飓风灾害。

闪电

在强大的雷暴中闪电时有发生。雷暴云中聚集了电能，当它们集中释放出来时就形成了闪电。有时候闪电从云端劈向大地，有时候闪电在云间翻滚，有时甚至直指苍穹。

龙卷风

龙卷风是高度旋转的柱状空气涡旋，可以从云端一直伸展到地面。美国著名的"龙卷风之路"经常发生龙卷风。当龙卷风出现时，轿车、大货车甚至房屋都会被高高卷起。

龙卷风的形成

龙卷风是从超级单体雷暴中产生的一种强烈的高速旋转的漏斗状空气涡旋产物，可一直伸展至地面。有些龙卷风仅持续几秒钟，有些可能持续一个小时以上。当暖湿空气与干冷空气在雷暴内部混合时，雷暴内的气流改变风向，形成螺旋式高速旋转的涡旋扑向地面，从而形成龙卷风。

龙卷风

1. 暖湿空气进入上升气流中，下沉的冷空气在其下方。
2. 部分下沉气流向内盘旋。
3. 下沉气流在龙卷风外部再次上升。
4. 同时，空气柱内的气流开始从外向内旋转。
5. 龙卷风内部的气压很低，导致处于气柱中心的空气下沉。
6. 龙卷风底部形成微型龙卷，它们贴近地面不断转圈。
7. 微型龙卷通过贴近地面的移动，逐渐移至龙卷风的边缘地带。

漏斗状云柱

漏斗状云柱是高速旋转的圆锥形空气涡旋。它从雷暴底部离出来并向下延伸，但并不接触地面。大多数龙卷风从漏斗状云柱开始发展起来，但许多漏斗状云柱并没有形成龙卷风。小的漏斗状龙卷风宽度可以只有 3 米，而大的宽度超过 1.6 千米。

不可思议！

龙卷风的移动速度超过 105 千米／小时，其内部的风速可达 480 千米／小时。

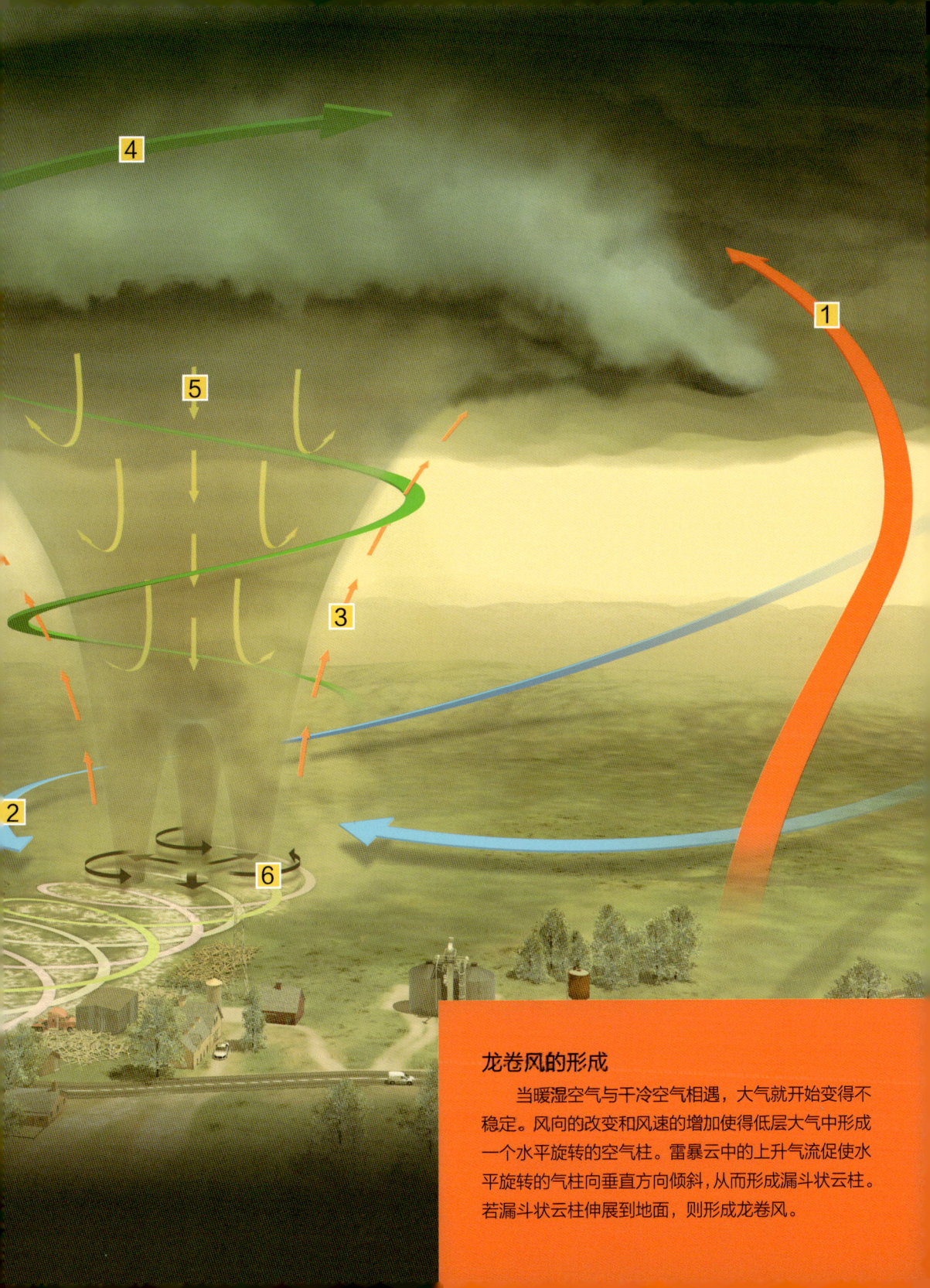

4

1

5

3

2

6

龙卷风的形成

　　当暖湿空气与干冷空气相遇，大气就开始变得不稳定。风向的改变和风速的增加使得低层大气中形成一个水平旋转的空气柱。雷暴云中的上升气流促使水平旋转的气柱向垂直方向倾斜，从而形成漏斗状云柱。若漏斗状云柱伸展到地面，则形成龙卷风。

龙卷风的破坏力

当 龙卷风延伸至地面时会带来大规模的破坏。在它破坏的途中，风速和风向不断发生变化，漏斗状云柱内形成许多快速移动的微型龙卷。大多数龙卷风的持续时间一般不超过 10 分钟，但即便在非常短的时间内，龙卷风也能够产生巨大的破坏力，掀翻轿车、摧毁房屋等。干冷空气与暖湿空气相遇时容易激发龙卷风，这种情况多发生在春季。每年全世界有上百人因龙卷风而丧生。

致命的破坏力

龙卷风威力很大，可以将庞大的物体带到几英里之外。它可以在数秒之内，将轿车、大树、人，甚至整栋房子高高卷起。最致命的龙卷风发生在 1925 年。它移动了 353 千米，395 人因此丧生。

龙卷风多发地

全世界许多地方都发生过龙卷风，但在美国中西部一个很小的地区，每年都要发生上百次龙卷风，这就是著名的"龙卷风之路"。在这里，由暖湿气团与干冷气团结合而形成的庞大的单级雷暴常常引发龙卷风。

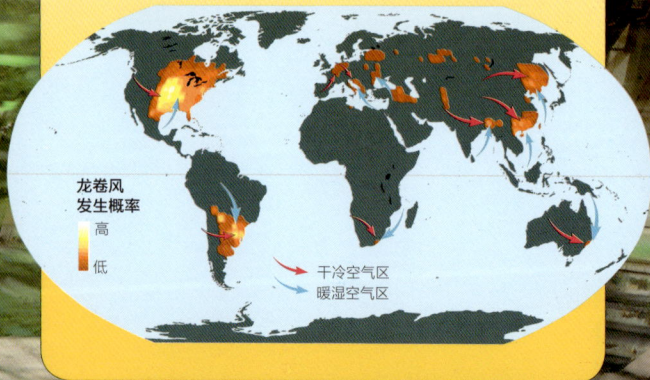

龙卷风
发生概率

高
低

干冷空气区
暖湿空气区

空心气柱

　　漏斗状云柱的中心气压很低，从而形成一个无风的核心区，周围则是高速旋转的风。从远处看，龙卷风就像一个巨大的象鼻子或一根蜿蜒曲折的粗绳，从天上延伸下来。

飓风的形成

飓风是指强而大的风暴，其覆盖宽度可达 965 千米，所产生的旋转风速可达 320 千米 / 小时。飓风形成于温暖的热带洋面，通常顺着风向前进，当其登陆时将给当地造成暴雨或内陆洪涝。该强大风暴在大西洋、加勒比海和北太平洋东部地区称为飓风，在澳大利亚和印度洋地区称为热带气旋，而在西太平洋地区则称为台风。

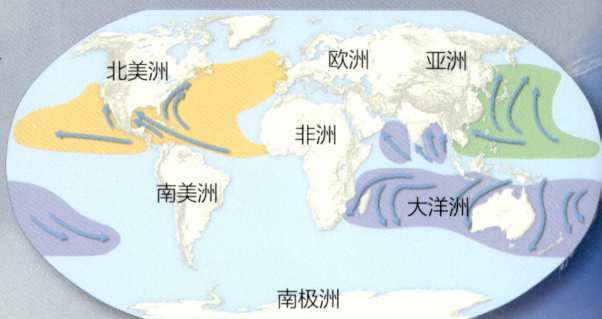

北美洲　欧洲　亚洲
非洲
南美洲　大洋洲
南极洲

地图图例
- 台风
- 气旋
- 飓风

飓风的移动

飓风一般只在赤道南北附近地区生成。它们沿上图中所示的路径移动。

热带扰动

飓风经常源于积云和雷暴，称为热带扰动。这些低压区存在微弱的气压梯度，几乎没有旋转气流。

热带低压

雷暴释放热量，热带扰动区温度上升，加强为热带气压，形成不规则的不完全闭合的环状云团。

飓风

1 成熟的飓风由一群雷暴云组成。

2 飓风中心的飓风眼区域清晰可见，几乎平静无风。

3 暖湿气流向着飓风眼区域螺旋上升，为雷暴云团补给能量。

4 飓风底部温度最高，风速最大。

5 上层气流从飓风中心区向外流出。

6 飓风移至陆地时所引起的风暴潮能将海水带到内陆地区。

飓风的形成

温暖的海洋加热了水面上的空气，增加了空气中的水汽含量。当水汽凝结成云时，气压降低，从而形成大风。风在暖洋面上加速并旋转，从而形成飓风。

形成飓风

低压区内暖空气上升，冷空气不断补充进底层，导致风速加强，低压区开始旋转，从而形成飓风。它为深对流系统，有明显的飓风眼和旋臂。

登陆

当飓风移至陆地时，因失去温暖的海洋气团，能量因而开始减弱。气压差减弱，风速降低，降水减少，整个风暴系统随之解体。

飓风的破坏力

尽管我们对飓风已经有过很多的研究，但仍然无力阻止飓风在登陆时所造成的灾难性影响。

强烈的飓风能够连根拔起大树，摧毁大楼；暴雨和巨浪冲毁汽车、道路和桥梁，甚至夷平房屋，造成人员伤亡。飓风一旦过境，城市可能被完全摧毁。

每日新闻

飓风"卡特里娜"

新奥尔良的天灾

2005年8月29日，特大飓风"卡特里娜"袭击了新奥尔良市，造成1 800人死亡，成为美国历史上损失最为惨重的一次飓风灾难。损失估计达到810亿美元。

飓风"卡特里娜"造成新奥尔良大部分地区遭遇严重洪灾。

"纳尔吉斯"强热带风暴

2008年5月，强热带风暴"纳尔吉斯"袭击了位于孟加拉湾的缅甸沿岸，造成该国历史上最为严重的自然灾难。13.8万人死亡，沿岸所有城镇都被摧毁。

直升机营救

  飓风"卡特里娜"袭击美国新奥尔良后，这里的人们连续多日深陷洪灾之中，美国海岸警卫队只好用直升机进行营救。飓风过后的数日内，他们共出动40多架直升机，营救了1.2万多人。

闪电

在一个大型的积雨云内部，不断旋转的风暴气流造成冰晶所携带的正电荷和负电荷分离，负电荷集中在云底附近，导致云与云之间或云与地面之间发生闪电。全球范围内每日有上百万次的闪电——每秒超过 100 次。天空中居然有如此之多的电荷活动啊！

遭遇闪电

有时，飞机穿过一片布满电荷的云层时会激发出闪电。像直升机之类的飞机外壳大部分由金属构成，当闪电发生时，电荷全都附着在飞机的外壳上，只要飞机及其电路系统不受到损坏，飞机内的乘客就很安全。

尾翼

飞机上较尖锐的部位容易被闪电击中，例如尾翼。

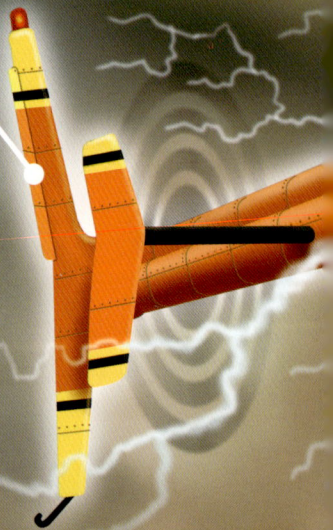

时间间隔

闪电和打雷同时发生，但是光速比声速快很多，因此我们先看到闪电，再听到雷声。通过测量闪电和雷声之间间隔的秒数，可以计算出闪电距离我们有多远。将秒数除以 3，便得到距离值（单位：公里；若以英里为单位，则将秒数除以 5）。

不可思议！

闪电常常击中物体的最高点。美国纽约的帝国大厦平均每年大约遭受 100 次闪电的袭击。

螺旋桨

闪电可能损坏螺旋桨，但通常飞行员都能安全地应对过去。

击中概率

商用飞机平均每年被闪电击中的概率为每架 1~2 次。

客舱

飞机里的乘客可以看到耀眼的闪电，并听见巨大的雷鸣声。

移动速度

闪电的移速可达到 10 万千米 / 每秒。

烧焦的痕迹

被闪电击中的飞机金属外壳上留下了烧焦的痕迹。

电量

一次闪电所携带的电量相当于一个小城市一年的用电量。

做一名追风者

追风者

要想成为一名追风者，需要具备以下几点：

兴趣：需要具备良好的知识贮备并了解天气特点，还需要一名志同道合的伙伴。

培训：进行专业的风暴观测员的培训，知道如何安全地追踪风暴。

设备：需要一辆装有安全设备的"追风车"。无线电设备用来与别人联系，摄像机用来记录即将抵达的风暴。

追风日

　　天气监测数据显示可能有风暴活动时，就是追风日的开始。追风者驱车到达风暴可能袭击的地方，有时需要行驶几百公里。

为什么要追风？有些追风者有过与风暴的亲密接触，之后便对它表现出了极大的兴趣。有些人着迷于它的美丽和大自然令人敬畏的爆发力，而另一些人则对风暴背后的科学知识充满好奇——它们是如何形成和活动的。追风者来自各行各业，许多人每年都驱车上千公里，期望在有生之年拍到风暴图片。

气象气球

　　追风者经常将气象气球升入风暴眼中采集科学数据，如气压、风速和风向等，这些资料可以传回地面。

飓风猎人

一种可以用来追踪飓风的特殊飞机，它能够飞到暴风雨的上空，大约1.2万米的高度。雷达设备用来监测处于发展期的风暴的大小和强度，并将监测数据传输给气象站，及时给周围地区发出预警信号。

风暴安全须知

飓风

室内：远离玻璃窗，拔掉所有电器的插头；尽量待在较高的楼层，以防可能发生洪灾。**室外**：躲进地势较高的房屋内。**车内**：尽量将车停在地势较高的地方，远离洪水易发地区。

闪电

室内：关闭所有窗户；拔掉所有电器的插头。**室外**：到建筑物内躲避；避开高耸物体和金属材质的物体，并在安全的地方蹲下。**车内**：关闭窗户和车门，避免在树下停车。

龙卷风

室内：远离玻璃窗。**室外**：在低洼处平躺下来，并盖住头部。**车内**：离开车，千万别试图开车逃出龙卷风。

洪水

室内：别待在地势低洼的房屋内。**室外**：到地势较高的地方躲避，避开河流、小溪和排水管。**车内**：假如车已困在不断上涨的洪水中，应尽快弃车，跑到地势较高的地方。

收集数据

由美国气象科学家和追风者胡文（Joshua Wurman）发明的"车载多普勒"是一种能够用在风暴追踪车上的装置。利用多普勒雷达扫描风暴体，可以预测它的强度和移动路径。

风暴大火

当雷暴只带来少量的雨水甚至没有降水时，它的闪电则可能引发森林大火。当火势越来越强，形成独立的风系并一直维持，就发展成风暴大火了。当强风经过狭窄空间后，风暴大火沿着山坡迅速向上蔓延。假如专业消防队员没能迅速控制火势，小火也可能突然发展成一片熊熊火海。由于阵风频繁变换风向，火焰的推进速度往往超出人的反应，稍不注意就会被大火烧伤。

风暴大火中不断旋转的风就像一个小型的龙卷风，其上升气流带着火焰可以一直窜到高空，这称为火焰龙卷风。

空中灭火

为了控制火势，消防员利用飞机或直升机将水和化学物质从空中投掷到火灾区，起到降温和阻止树木燃烧的作用。

"黑色星期六"

2009年2月，在澳大利亚维多利亚市，闪电引发森林大火，继而形成了严重的风暴大火。阵风风速超过65千米/小时，助长了火势，烧毁上百户房屋和农场。这成为澳大利亚历史上最致命的一次风暴大火。消防人员不畏危险，与大火展开搏斗，克服热浪和烟尘的威胁，最终控制了火势。

雹暴

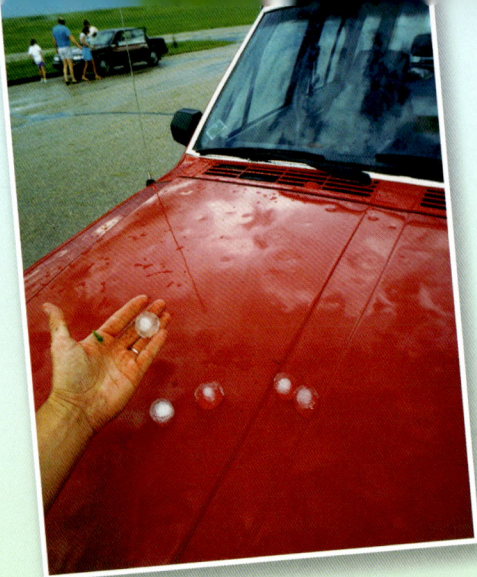

冰雹是在大气中的小冰粒与空气中的过冷水滴（在正常的冰点之下还维持液态的水）的不断碰撞中形成的。当大气中的气流托不住过重的冰粒时，它们就从冰冷的雷暴云中掉落下来。在受到上升气流的抬升后，冰粒又再次进入冰冷的云中，更多的水滴与之碰撞并附着在冰粒上面，当冰雹块增长到上升气流托不住时，它们就掉落到地面。

冰雹的破坏力

石头似的冰雹从空中掉落下来将造成严重灾害。玻璃窗被砸坏，停放在露天的汽车甚至也被砸得坑坑洼洼。

冰雹块

它们形成于积雨云内部的上升气流中。上升气流越强，形成的冰雹块就越大。

冻雨

过冷水滴降落到温度低于 0℃ 的物体上时，立即冻结成外表滑而透明的冰层，形成冻雨。它是初冬或冬末春初出现的一种灾害性天气。

冻结的雨滴

冰冻层

断裂点

雪崩的发生

　　雪板雪崩是由于相对脆弱的底层雪板无法支撑上层雪板的重量而引发的。其他雪崩则因为表面的雪融化成水，渗入到下面的积雪层而引发。

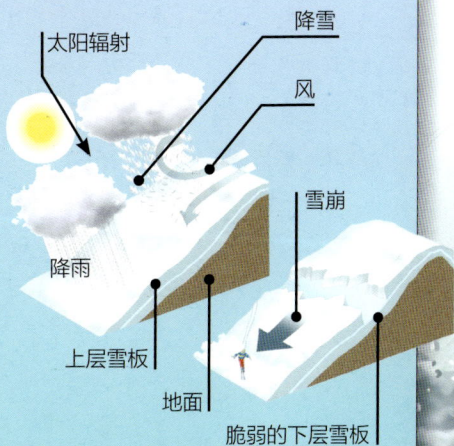

太阳辐射　　降雪

风

降雨

雪崩

上层雪板

地面

脆弱的下层雪板

雪崩

雪崩是指山体的一侧出现大量的冰雪滑落的现象。有些雪崩可以将沿路所有的东西都掩埋起来，包括树木、汽车和人。大多数雪崩的发生需要具备三个条件：松散的积雪层，陡峭的斜坡和一个触发因素。新的雪花不断堆积到积雪层上，当底下的积雪再也承受不住增加的雪花重量时，就将发生雪崩。一个小的震动，甚至一个正在滑雪的人，都可以引发雪崩。

安全逃离

　　雪崩的速度可以达到 300 千米 / 小时。1999 年在奥地利小镇加尔蒂（Galtur）发生的雪崩共掩埋了 57 人。救援人员利用警犬锁定区域并成功救出 26 名幸存者。当雪崩发生时，最好能进入避难场所或撤离到一个安全地点。

洪水

突发性或持续性的风暴往往带来大量的降水。当降水不能及时被地面吸收时，就将形成洪水。河流决堤，堤坝冲毁，大量的水漫上路面。海洋上的大风可以产生巨浪，从而也能造成沿岸地区暴发洪水。当洪水上涨较慢时，人们有机会逃到地势较高的地区，或者搭建障碍物来保护自己的家园。但若上涨过快，就容易被洪水围困。洪水将导致房屋被毁，汽车被冲走，甚至有些人溺水而亡。

秘鲁的洪灾

厄尔尼诺 (El Nino) 是一种自然现象。发生厄尔尼诺时，赤道太平洋地区的暖流分别流向北美和南美沿岸。较暖的表层海水将导致风暴数增多，给秘鲁和厄瓜多尔带去暴雨和洪灾。当地的农业和渔业都会受到严重影响。

泰晤士河上的挡板

英国伦敦的工程师们发明了一种巨大的挡板来防范风暴潮侵袭城市。泰晤士河挡板是一组人为控制的防洪闸门，向上旋转可以阻止泰晤士河中的洪水冲入城市，而当风暴潮退去时，它又朝反方向向下旋转。

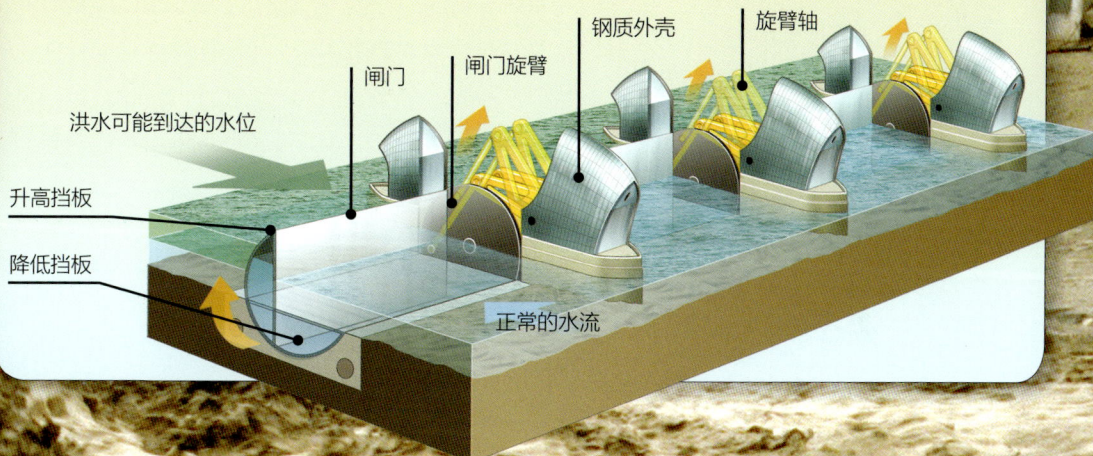

钢质外壳

旋臂轴

闸门

闸门旋臂

洪水可能到达的水位

升高挡板

降低挡板

正常的水流

卫星图像

这是一组展现厄尔尼诺现象发展的卫星图像。可以看到，大部分暖水（图中用淡红色表示）分布在北美和南美的西海岸。一年以后转变成拉尼娜现象（La Nina），水流和风向都发生了反转，东太平洋表层海水大范围转冷，并持续一段时期。

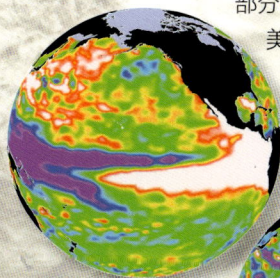

1997年10月
发生厄尔尼诺现象

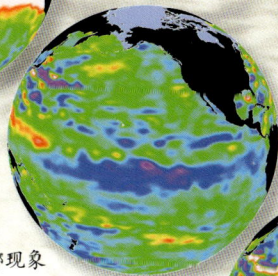

1998年11月
发生拉尼娜现象

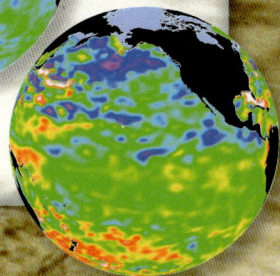

2003年11月
接近气候平均态

干旱

某一地区长时期的降水低于平均降水量就会发生干旱。干旱可持续数月，有时甚至几年。世界上有些地区每隔一两年就要经历一次干旱。干旱将导致农民没有足够的水灌溉庄稼，没有足够的牧草饲养牲畜，甚至该地区的野生动植物都将因缺水而死亡。

北京沙尘暴

沙尘暴是指强风将干燥地面上的大量沙尘物质吹起并卷入空中的现象，有时吹出几百公里之外。沙尘暴在经过村庄时，可以形成一个高达 1.6 千米的沙尘墙。2010 年 3 月北京遭遇一次强沙尘暴天气，给交通系统和人们生活造成了严重影响。

消失的溪流

没有降水，河流和湖泊里的水就会枯竭，有时完全消失。那些河床很深的河流甚至也可能干涸。

沙漠化

气候变化、过度放牧、森林采伐及土地盐碱化都会造成土地退化，最终导致沙漠化。有时周围地区沙尘的侵袭也会导致农业生产用地变为不毛之地。农业用地遭到破坏，农民就只好迁徙，去寻找其他适合耕种的地方。

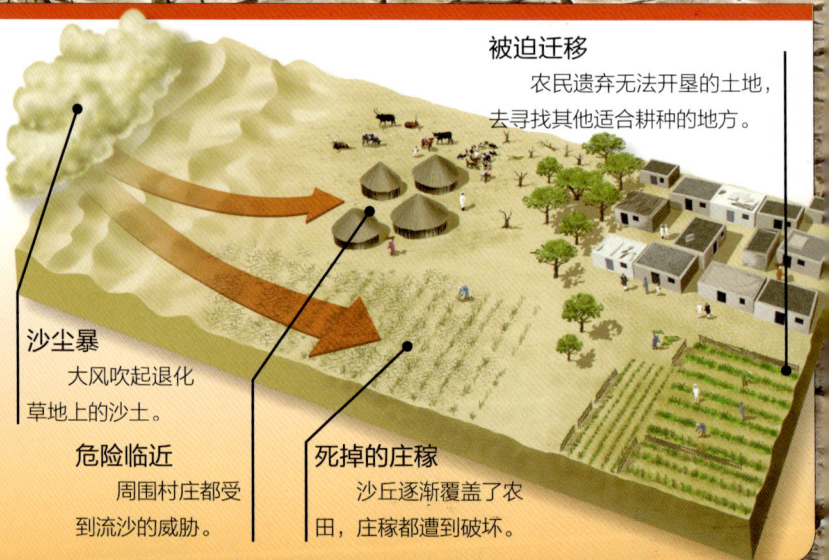

被迫迁移

农民遗弃无法开垦的土地，去寻找其他适合耕种的地方。

沙尘暴

大风吹起退化草地上的沙土。

危险临近

周围村庄都受到流沙的威胁。

死掉的庄稼

沙丘逐渐覆盖了农田，庄稼都遭到破坏。

尘卷风

极端增温可以引起快速旋转的上升气流，沙尘随之被卷入空中并旋转，形成尘卷风。

你知道吗？

在多年干旱之后出现降水，此时的大地已经因干旱坚硬到无法吸收雨水了，结果将突发洪灾。

开裂的大地

持续数年没有降水后，土地坚硬如岩石，表层全部开裂。

一切都枯竭了

从 1984 至 1988 年，埃塞俄比亚及东非的其他地区遭遇了灾难性的干旱，超过 100 万人死亡。牲畜没有食物和水，许多野生动物都失去了家园。

破纪录事件

从 强风暴引发龙卷风和飓风，到灾难性的干旱和雪崩，天气的破坏力可以导致非常严重的后果。人类观测和记录极端天气事件已有上百年的历史。气象站必须有 10 年的观测值后，其所记录的极端数值才被认为是正式记录。

2 龙卷风的强度等级由升级型藤田级数划分。2007 年和 2010 年美国的两个龙卷风达到 EF5 级，为破坏力最强级别。

8 飓风的严重程度用萨菲尔－辛普森飓风分级体系来评估。2000 年至 2009 年期间，8 个登陆美国的大西洋飓风达到 5 级，意味着最为严重的灾害。

48 2003 年 6 月 22 日在美国内布拉斯加州的奥罗拉（Aurora），降下了世界上最大的冰雹，其圆周长达到 48 厘米。

322 在印度尼西亚爪哇岛西部的小城茂物（Bogor），这里是世界上雷雨天气最多的地区，平均每年有 322 个雷雨日。

409 在刚果民主共和国的基福卡小镇（Kifuka），是世界上闪电最多的地方，平均每年每平方英里闪电 409 次。

1825 24 小时降水量的世界纪录是 1825 毫米，是 1966 年 1 月 7~8 日在印度洋上留尼旺岛的福柯－福柯（Foc-Foc）一带发生的。

世界著名风暴事件

1. 1970 年在孟加拉国波拉登陆的博拉气旋造成 50 万人死亡。

2. 1737 年在印度和孟加拉国登陆的加尔各答气旋，造成 35 万人死亡。

3. 1881 年在越南海防市登陆的台风，造成 30 万人死亡。

4. 1839 年在印度科林加登陆的气旋，造成 30 万人死亡。

5. 1584 年在孟加拉国巴卡尔甘杰（Backerganj）登陆的气旋，造成 20 万人死亡。

6. 1876 年在孟加拉国巴卡尔甘杰登陆的气旋，造成 20 万人死亡。

7. 1897 年在孟加拉国吉大港登陆的气旋，造成 17.5 万人死亡。

8. 1991 年在孟加拉国登陆的气旋 02B，造成 14 万人死亡。

9. 1882 年来自阿拉伯海的印度孟买气旋，造成 10 万人死亡。

萨菲尔 – 辛普森飓风量级表

等级	风速（千米 / 小时）	灾害程度
1	118~152	最小
2	153~176	中等
3	177~208	较严重
4	209~248	极严重
5	大于 248	灾难性

20 世纪 70 年代开始使用飓风持续风速的强度划分飓风等级，用来评估飓风可能造成的经济损失及洪灾程度。

升级型藤田龙卷风等级表

等级	风速（千米 / 小时）	灾害程度
EF0	105~137	轻度
EF1	138~177	中等
EF2	178~217	较重
EF3	218~255	严重
EF4	267~322	破坏性灾害
EF5	大于 322	毁灭性灾难

2007 年升级型的藤田级数替代原来的等级标准，根据龙卷风的破坏程度来划分龙卷风的等级。EF5 为最高等级，非常罕见。

制作微型龙卷

　　当液体做圆周运动时，在其中心会形成下沉水流，即水流漩涡。旋转的漩涡使得水中的所有物质向其中心聚拢。这种漩涡效应与我们所看到的龙卷风结构非常类似。

所需道具：

- ☑ 一个带瓶盖的大塑料瓶
- ☑ 水
- ☑ 发光剂
- ☑ 洗涤剂
- ☑ 色素（可选）

1 把大塑料瓶中的饮料倒出，然后装入三分之二左右的水。

2 在水中加入少量的发光剂，并滴入一滴洗涤剂，然后将瓶盖拧紧。

3 让瓶子竖立并让它围绕垂直轴迅速做圆周运动，瓶中将出现一个小龙卷。

4 加入一些色素，可以让你的小龙卷看起来更加清晰。

5 加入不同量的水，或者加入不同剂量的洗涤剂，观察所形成的龙卷有什么不同。

6 改变瓶子做圆周运动的速度，观察小龙卷有何不同。

知识拓展

大气层 (atmosphere)
由于地球的引力作用而环绕在地球周围的一层气体。

雪崩 (avalanche)
从山体一侧突然滑落下大量积雪的现象。

暴风雪 (blizzards)
一种恶劣的风暴天气，伴随着大风和暴雪。

积雨云 (cumulonimbus)
一种巨大高耸的云体，经常产生雷电。

沙漠化 (desertification)
本来肥沃的土地逐渐变得贫瘠或变成沙地的过程。

干旱 (drought)
指长期降水量低于平均值。

沙尘暴 (dust storm)
一种恶劣的风暴天气，大量的尘土横扫某一地区。

厄尔尼诺 (El Nino)
一种在太平洋中部和东部每 3 至 7 年出现一次的海水变暖为特征的自然现象。

升级型藤田级数 (Enhanced Fujita scale)
根据龙卷风的破坏程度划分龙卷强度的等级标准。

风暴大火 (firestorm)
一种大规模的火灾，来自四面八方的强风助长其火势。

洪水 (flooding)
由暴雨所导致的河流、湖泊或海洋的水溢出了水面淹没了陆地。

冰雹 (hail)
降水的一种形式，从冰冷的雷雨云中掉落下的球状或不规则形状的冰块。

飓风 (hurricanes)
螺旋形的大型风暴系统，也被称作气旋或台风，通常在温暖的热带海洋上生成。

拉尼娜（La Nina）
与厄尔尼诺正好相反，一种在太平洋中部和东部地区出现的海水偏冷为特征的自然现象。

闪电（lightning）
聚集在雷暴云中的大量电能突然集中释放出来就形成闪电。

萨菲尔－辛普森飓风等级 (Saffir–Simpson scale)
用来测量飓风持续风速、强度的等级标准。

卫星 (satellites)
一种绕地球运行的航天器，用来研究地球表面的天气或辅助通信。

风暴避难所 (storm shelters)
为躲避风暴而修建的安全场所。

超级单体 (supercell)
以深厚螺旋形上升气流为特征的巨大雷暴。

龙卷风 (tornadoes)
一种强大的扭曲的漏斗状上升气流，一直从云底延伸至地面。

热带 (tropical)
赤道南北附近温暖的区域。

气象气球 (weather balloon)
为了采集大气层中的气象数据所释放的一种能够携带着设备飞入高空的气球。

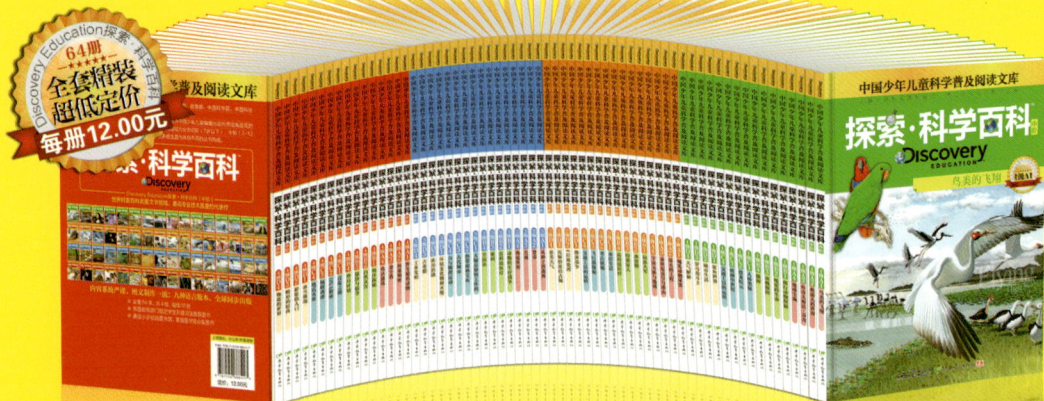